16 principes en gestion de l'hygiène et de la salubrité

16 principes en gestion de l'hygiène et de la salubrité

Par Gaétan Lanthier & Rémi Charlebois

Design graphique (couverture) : Alex St-Gelais
Remerciements : Louis-Gilles Lafond et Stéphane Lafond

Dépôt légal — Bibliothèque et Archives nationales du Québec, 2016.
Dépôt légal — Bibliothèque et Archives Canada, 2016.

ISBN 978-2-9814674-8-5

Table des matières

Introduction

Les défis ne manquent pas à l'approche des années futures en matière de nettoyage et de désinfection :

- Les baby-boomers qui se retirent progressivement du milieu du travail;
- Les changements climatiques;
- Les développements technologiques;
- Les folles aventures (colonisation de Mars);
- La mondialisation des marchés en opposition à l'approche locale.

Tout cela va influencer notre manière de voir et d'interagir avec la propreté et l'asepsie de nos environnements autant au travail qu'à la maison.

En attendant ces changements dont certains sont déjà en pleine ébullition, nous vous livrons 16 principes en gestion de l'hygiène et de la salubrité. Nous espérons qu'ils sauront vous éclairer pour assurer que vos surfaces soient étincelantes et exemptes de microorganismes indésirables!

Gaétan et Rémi

Principes de base en gestion de l'hygiène et de la salubrité

L'hygiène et la salubrité des surfaces est, et sera toujours, un secteur d'activités primordiales dans le développement du bien-être et de la qualité de vie de l'ensemble de la population. Elles représentent donc, pour nous tous, une obligation à laquelle nous devons faire face et qui ne peut être évitée.

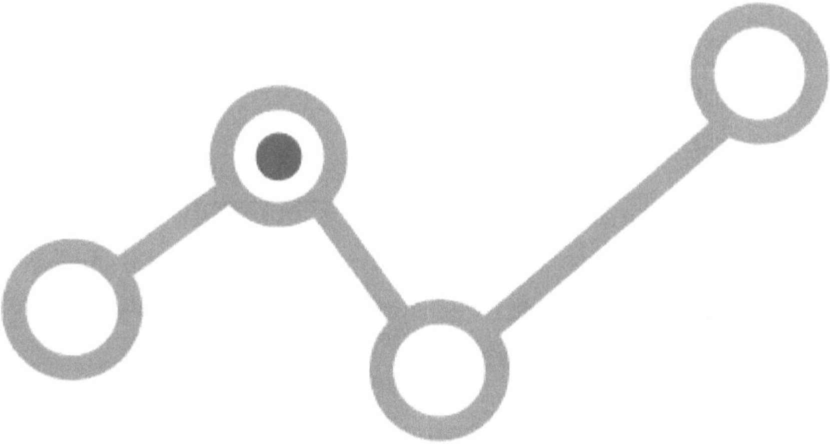

Développement technologique

Le développement technologique des dernières années a permis un essor considérable dans l'exercice et l'exécution de ce métier. Il n'en demeure pas moins que l'industrie de l'entretien sanitaire est encore aujourd'hui en retard sur les niveaux de productivité qu'ont franchis d'autres industries de pointe de notre économie.

Toutefois, ce retard n'est plus attribuable aux équipements et aux produits disponibles sur le marché. Il appartient maintenant aux ressources humaines de mieux comprendre et d'adopter de nouveaux moyens organisationnels et opérationnels.

Un rôle de responsabilité et d'éthique professionnelle

Dans toute entreprise, l'environnement du milieu conjugué à une bonne qualité d'entretien sanitaire, sont des éléments essentiels afin de maintenir constant le professionnalisme qui doit s'y dégager.

Cet énoncé étant aussi un principe élémentaire relatif à la qualité de vie au travail, celui-ci fait donc également état de l'importance et de la responsabilité des gens œuvrant dans le milieu de l'entretien sanitaire.

Ainsi, afin que l'intégration du préposé en hygiène et salubrité puisse rencontrer ces éléments, il ou elle doit donc s'associer à des techniques de travail. De même, il (elle) doit aussi fouiller en profondeur la méthodologie associée à ces techniques et surtout de se maintenir au fait de l'évolution de ce métier.

Or, l'intuition à elle seule n'est plus suffisante, si l'on veut vraiment offrir une performance professionnelle. La discipline personnelle, la maîtrise des connaissances et le goût du développement sont autant d'éléments majeurs servant à l'atteinte d'objectifs.

On comprend facilement que le métier de préposé en hygiène et salubrité doit s'orienter vers les exigences de l'avenir et ainsi, permettre d'affirmer que : « Ce rôle en est un de responsabilité et d'éthique professionnelle ».

La responsabilité d'un service d'hygiène et salubrité

Voici les éléments essentiels relevant de la responsabilité du service d'entretien sanitaire quant à la réalisation de l'activité entretien sanitaire :

- Aspect main-d'œuvre :
    - Informer sur le rôle précis de l'établissement et de l'orientation prévisible de celui-ci.
    - Voir à ce que les travaux à exécuter se fassent dans des conditions sécuritaires.
    - Mettre à la disposition des employés les équipements, les accessoires et les produits chimiques permettant d'offrir une bonne performance.
    - Préciser par calendrier de production ou cahier de charge la définition des activités d'entretien, sans oublier d'en préciser les fréquences d'exécution.
    - Préciser les zones et les routes de travail.

- Offrir un programme de formation, de même qu'un programme de formation continue dans le but de maintenir constante l'information quant aux développements du métier.

- Assurer un service de consultation auprès de la main-d'œuvre par le biais des contremaîtres.

- Aspect entretien :
  - Maintenir dans le milieu, et ce de façon constante, une qualité normale de salubrité et d'hygiène.
  - Voir à l'entretien préventif de l'édifice, et ce sous diverses facettes.
  - Voir à assurer la durée de vie normale des divers types de revêtements de surface par la protection de ceux-ci.
  - Voir également à prévenir la détérioration des ameublements par un programme constant d'entretien.
  - Assurer le maintien dans le meilleur état possible des équipements et des accessoires nécessaires à l'exécution des activités d'entretien.

- Déterminer la fréquence d'activités correspondant aux besoins réels des différents secteurs, et ce tant pour les tâches régulières qu'occasionnelles.

- Appliquer des méthodes concrètes de travail en respectant les besoins des autres services, et ce dans le but de ne perturber qu'au minimum le fonctionnement de l'entourage.

- Assurer une communication permanente avec l'ensemble des départements ayant un impact direct sur la réussite des performances du service.

Après le Plan Nord, voici le Plan Vert

Vous êtes-vous déjà demandé comment faire pour savoir si un produit est un produit vert? Je ne parle pas de sa couleur ici! Voici quelques conseils qui pourront vous aider dans votre démarche de développement durable ou votre plan vert.

Gestion des produits, des équipements et du matériel

La salubrité repose sur l'assainissement tant des diverses surfaces que de l'atmosphère ambiante. L'atteinte de la performance exige donc que toute personne qui œuvre dans ce domaine, que ce soit à titre d'exécutant ou de gestionnaire, maîtrise l'ensemble des éléments qui composent ce métier dans le respect des politiques et des procédures qui y sont associées.

Les produits chimiques et le parc d'équipement constituent indéniablement des éléments importants pour assurer l'efficience lors du nettoyage et de l'asepsie de l'environnement de tout établissement. Il devient donc essentiel d'associer étroitement les actions quotidiennes de la main-d'œuvre, en matière d'hygiène, avec une gamme de produits et d'équipements qui favorisent la qualité de leur prestation.

Produits écologiques « verts »

Le virage « vert » et éthique est de plus en plus présent dans les établissements et les industries de même que dans le marché de la consommation de masse. En effet, la demande pour des produits « environnementaux » est sans cesse croissante.

Il existe des organismes qui certifient des produits « verts » de toutes sortes incluant les produits d'entretien et de nettoyage tout en assurant l'efficacité de ceux-ci. La présente recherche se concentre sur ce type de produits seulement. Notez que la plupart des documents disponibles sont toutefois en anglais. En voici quelques exemples.

Programme Ecologo (www.ecologo.org)

L'Ecologo est un symbole de certification environnementale. Le programme permet de certifier des produits dans plus de 250 catégories. La catégorie « produits de nettoyage et d'entretien » compte plus de 1500 produits d'entretien, de nettoyage et de désinfection. Le programme est régi par « Underwriter Laboratories », un organisme normatif reconnu internationalement (UL).

Programme Green Seal (www.greenseal.org)

Green Seal est l'équivalent américain de l'Ecologo. C'est un organisme sans but lucratif indépendant basé à Washington.

Performance des produits nettoyants environnementaux

La composition des produits nettoyants environnementaux peut être similaire à des produits nettoyants conventionnels. Mis à part certains composants interdits à cause de leur toxicité élevée ou de leur risque pour l'environnement, les ingrédients que l'on retrouve ont les mêmes fonctions. Il existe toutefois d'autres types de produits à base d'enzymes ou de bactéries (biotechnologique) qui accomplissent les mêmes fonctions, mais par des moyens différents.

De nos jours, la performance des produits environnementaux, qu'ils soient basés sur une chimie traditionnelle ou biotechnologique, est comparable aux produits traditionnels. Il faut préciser que plusieurs facteurs entrent en ligne de compte quand vient le temps d'évaluer la performance d'un produit :

- Le degré de saleté des espaces;
- La vocation du bâtiment et des espaces qui le compose;
- Les outils et les équipements disponibles;
- Les techniques de travail employées.

Il va de soi que seuls des essais dans un ou plusieurs secteurs et sur une période de temps suffisante devraient assurer que le rendement des produits environnementaux est équivalent ou supérieur aux produits traditionnels.

Dans certains cas, les techniques de travail utilisées devront également être revues, particulièrement pour les produits biotechnologiques. Toujours est-il que même si la méthode de travail change, la productivité globale doit idéalement être préservée ou améliorée.

Coût des produits environnementaux

Comme presque tous les produits nettoyants environnementaux sont liés à des systèmes de dilution, il est important afin de comparer les prix équitablement de considérer les éléments suivants :

- Système de dilution :
  - Est-ce que le distributeur est inclus dans le prix?
- Dilution requise :
  - Plus le diviseur est grand, plus la consommation du produit est faible. Par exemple, la consommation d'un produit dilué à 1 :256 est deux fois moindre que s'il est dilué à 1 :128.
- Service à valeur ajoutée dont voici quelques exemples non limitatifs :
  - Installation et réparation des systèmes de dilution;
  - Formation sur l'utilisation des produits et en matière de santé et sécurité;
  - Documentation technique;
  - Bouteille de dilution identifiée ou système d'identification des produits.

Produits « verts » : plus que des nettoyants

Votre recherche de produits « verts » peut aller beaucoup plus loin que les produits nettoyants. Vous pouvez y inclure :

- Le choix des revêtements de sol :
  - Les revêtements de sol ne nécessitant pas l'application de fini à plancher (céramique, Marmoléum sans cirage) réduisent à la source les besoins en fini à plancher et en décapant.
- Les outils de travail :
  - L'utilisation de linge en microfibre plutôt que des serviettes de papier jetable;
  - Les vadrouilles en microfibres captent et retiennent plus de poussière et de saleté que les vadrouilles traditionnelles.
- Les équipements :
  - Les aspirateurs à haute efficacité sont à privilégier;
  - Les autolaveuses réduisant la consommation d'eau sont à privilégier.
- Les savons à mains :
  - Ces produits peuvent aussi être certifiés.
- Les produits de papier :

- o Ces produits peuvent aussi être certifiés;
- o Les produits avec un haut pourcentage de matières recyclées et fabriquées sans chlore sont à privilégier.

Établir un plan vert

L'élaboration d'un plan vert est essentielle afin d'assurer le succès de votre démarche. Les éléments critiques suivants peuvent faire partie de votre plan :

- État de votre situation;
- Implication et participation de tous les intervenants :
- Produits nettoyants;
- Déchets et recyclage;
- Programme d'entretien des sols;
- Produits de papier;
- Parc d'équipements;
- Manuel de procédures;
- Programme de formation continue.

Les 6 avantages de l'implication du personnel

L'implication et la participation du personnel lors de la sélection des produits nettoyants et de l'uniformisation de leur utilisation sont primordiales. Il est essentiel de mettre en place une structure participative (comité d'utilisateurs-mandataires) en matière d'acquisition de produits et d'équipements. Ceci entraînerait non seulement une plus grande responsabilisation des utilisateurs, mais aussi un plus haut degré de satisfaction.

Cette structure permettrait aux gestionnaires de :

1. Être à l'écoute des utilisateurs et de favoriser leur pleine autonomie;
2. Établir des standards internes pour tout produit non couvert de façon satisfaisante par une norme. Ce type de standards devrait réellement refléter les besoins des utilisateurs;
3. Réviser les produits en stock afin de s'assurer qu'ils correspondent toujours aux besoins des requérants;

4. Préciser, conjointement avec les utilisateurs, les devis techniques des produits aux fins d'achat selon les standards de l'établissement;
5. Former les intervenants quant aux contenus des normes et à leur utilisation;
6. Valoriser les ressources internes en matière de produits et d'équipements.

Démarche participative du personnel avec les gestionnaires

Les gestionnaires et les utilisateurs doivent être formés à sélectionner adéquatement les produits et à bien s'en servir afin d'éviter les erreurs de manipulation, de dilution et de posséder les notions sécuritaires. Il s'agit là d'un préalable incontournable qui s'inscrit dans une démarche participative qui générera un consensus de la part des concierges quant aux choix des produits d'entretien et qui amorcera les actions et les formations des nouvelles pratiques. De plus, il faudra :

- Acquérir des distributeurs automatiques qui permettront un dosage exact, une diminution de la consommation des produits tout en assurant de meilleurs résultats. De plus, les distributeurs préviennent le vol de produits.

- Identifier chaque vaporisateur à l'aide d'étiquette « SIMDUT 2015 » du lieu de travail.

3 définitions à retenir en hygiène et salubrité

En hygiène et salubrité, il est primordial de faire la différence entre vétuste, salubre et désinfecté. Pour garder ça simple, nous allons simplement donner 3 définitions.

Surfaces vétustes

Une surface vétuste présente des signes de détérioration produite par le temps.

La détérioration ou la dépréciation physique est un des trois éléments de dépréciation des immeubles, les autres étant la désuétude fonctionnelle (ou obsolescence) et la désuétude économique.

Surfaces salubres

Une surface salubre signifie qu'elle est favorable à la santé et à l'organisme. Une telle surface est saine ou bonne pour la santé souvent par l'absence ou la réduction du risque. C'est pour cela qu'on fait souvent référence à la salubrité alimentaire.

Un synonyme de salubre est hygiénique. Alors quand on dit « hygiène et salubrité », il n'y a plus de doute!

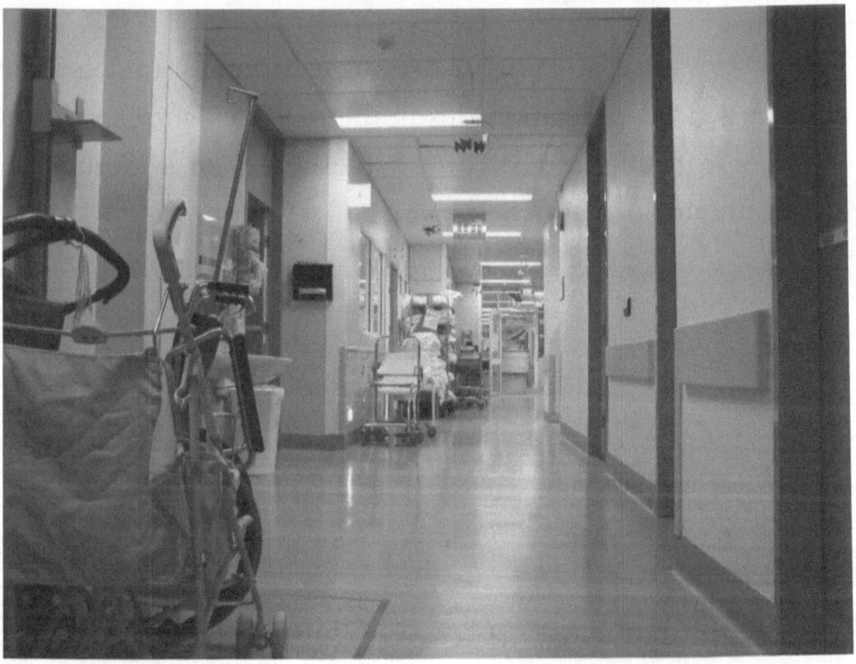

Surfaces désinfectées

La désinfection est une opération d'élimination volontaire et momentanée de certains germes, de manière à stopper ou prévenir une infection ou le risque d'infection ou surinfection par des microorganismes ou virus pathogènes ou indésirables.

À titre d'exemple :

- Assainir une surface élimine 99,9 % des microorganismes (réduction de 1000 X).
- Désinfecter une surface élimine 99,999 % des microorganismes (réduction de 100 000 X).
- Stériliser une surface ou un instrument élimine 100 % des microorganismes.

Évidemment, on dit bien momentanément, car la surface sera à nouveau contaminée dès qu'une souillure entrera en contact avec celle-ci. C'est pour ça que certains désinfectants ont une action rémanente qui prolonge l'action du désinfectant pendant un certain temps.

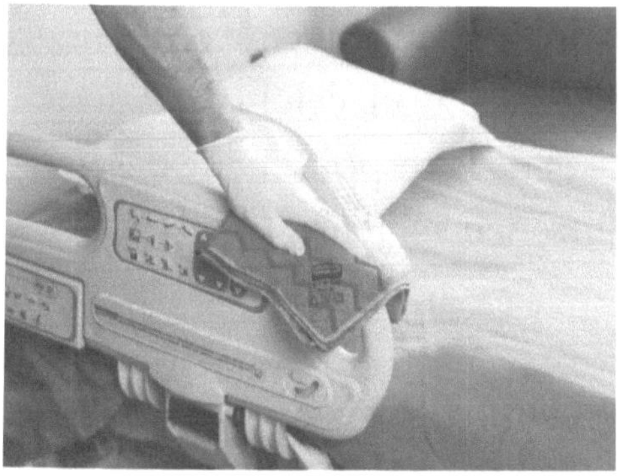

15 attitudes et aptitudes gagnantes pour un préposé en hygiène et salubrité

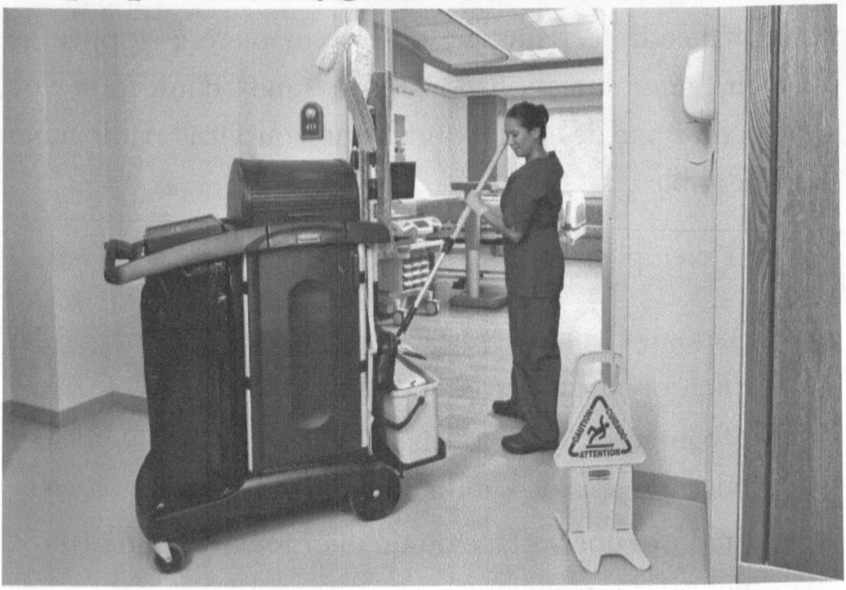

Dans toute entreprise ou tout établissement, l'environnement du milieu conjugué à une bonne qualité d'entretien sanitaire, sont des éléments essentiels afin de maintenir constant le professionnalisme qui doit s'y dégager.

Cet énoncé étant aussi un principe élémentaire relativement à la qualité de vie au travail, celui-ci fait donc également état de l'importance et de la responsabilité des gens œuvrant dans le milieu de l'entretien sanitaire.

Le préposé à l'hygiène et la salubrité doit avant tout posséder les bonnes aptitudes, mais surtout la bonne attitude! Voici 15 attitudes et aptitudes gagnantes pour un préposé en hygiène et salubrité :

1. Dextérité manuelle;
2. Bon sens de l'observation;
3. Bon sens des responsabilités;
4. Habilité à subir la pression qu'engendre parfois le métier;
5. Jugement efficace;
6. Rationnel dans l'orientation des activités;
7. Initiative par rapport à ses tâches;
8. Méthodique;
9. Minutieux dans l'exécution de ses tâches;
10. Poli avec les gens du milieu;
11. Sociable avec les gens du milieu;
12. Apparence propre et soignée;
13. Bon esprit de communication;
14. Fierté d'exécuter ce métier;
15. <à vous d'y ajouter la vôtre>.

Apparition des poubelles en 1883

J'ai la manie de dire que chaque invention porte le nom de son inventeur. Par exemple, l'inventeur de la gomme balloune serait John GumBaloon. Souvent, j'ai tort, mais parfois je défile mon Twitter et je tombe sur une petite perle.

Apparition de la poubelle en 1883 à Paris

Le 24 novembre 1883, Eugène René Poubelle impose aux Parisiens l'usage de contenants fermés pour se débarrasser des ordures et des déchets.

Il organise une cueillette quotidienne avec des voitures tirées par des chevaux. Et, signe que le développement durable ne date pas d'hier, il fait même une cueillette sélective en triant les déchets organiques, le verre et les… coquilles d'huîtres! Bon, finalement, le triage n'a pas fonctionné et a dû être abandonné après 6 mois.

Boîte Poubelle

Son concept est incompris, mal accueilli, sujet à des réactions hostiles et à la dérision. Au plus fort de la crise, un journaliste qualifiera ces contenants de « Boîte Poubelle ». L'histoire était écrite!

Les avantages d'utiliser un lave-pièces performant

Les bacs à solvants sont des systèmes inefficaces et coûteux. Pourquoi? Principalement parce qu'ils entraînent des coûts de main-d'œuvre importants. Saviez-vous qu'il existe des solutions à ce problème? Un lave-pièces automatique.

Perdez-vous de l'argent chaque jour?

Un bac à solvants entraîne des coûts mensuels pour l'entretien du bassin de nettoyage (qui inclue le coût du solvant). Cela peut sembler plus économique de prime abord, mais qu'en est-il de votre précieuse main-d'œuvre qui doit quotidiennement frotter les pièces bien campée devant le bac à s'éreinter?

Vos techniciens pourraient travailler à l'usinage, à l'assemblage et à la réparation et pas au nettoyage!

Les lave-pièces ont un bon retour sur l'investissement

Il n'y a pas de calcul universel, mais les facteurs qui pourraient vous aider à prendre la décision sont :

- Le taux horaire;
- Le nombre de bassins de nettoyage;
- Le nombre de techniciens affectés au nettoyage;
- Le nombre de minutes par jour affectées au nettoyage;
- Le coût mensuel ou annuel payé pour l'entretien de vos bassins.

Ajoutez de la valeur à votre entreprise avec un lave-pièces automatique

Un lave-pièces automatique est une façon pour votre entreprise de transformer un coût répétitif en profits en affectant vos ressources qualifiées aux tâches les plus rentables.

Les barbes et les infections nosocomiales font-elles bon ménage?

Les barbes, comme vous avez pu le remarquer, sont de retour. Qu'il s'agisse d'une barbe complète, d'une barbe de hipster ou d'une simple moustache, les barbes sont bien populaires. Il est donc normal de se questionner sur la flore microbienne que ces barbes transportent.

Certaines critiques affirment que les barbes ne sont pas seulement mal propres, mais peuvent héberger des bactéries pathogènes.

Cette peur des barbes, connue sous le nom de pogonophobie, est-elle justifiée?

Une récente étude scientifique, menée dans un hôpital américain, est venue à des conclusions très différentes. Dans cette étude, publiée dans le Journal of Hospital Infection, les chercheurs ont prélevé les bactéries des visages de 408 membres du personnel hospitalier avec et sans poil au visage.

Ils avaient de bonnes raisons de le faire. Nous savons que les infections nosocomiales sont la quatrième cause de mortalité aux États-Unis et au Canada. En moyenne, 1 patient sur 10 va contracter une infection lors de son séjour à l'hôpital. Mains, sarrau, cravates et équipements ont tous été mis en cause, mais que dire des barbes?

Des résultats étonnants

Les chercheurs ont été surpris de constater que le personnel rasé de près, et non les barbus, était plus susceptible d'abriter des microorganismes pathogènes. Le groupe imberbe était trois fois plus susceptible d'être porteur d'une espèce connue comme le *Staphylococcus aureus* résistant à la méthiciline (SARM) sur leurs joues rasées. Le SARM est une source particulièrement fréquente et pénible d'infections nosocomiales, car il est résistant à un grand nombre d'antibiotiques.

Comment l'expliquer? Les chercheurs ont suggéré que le rasage peut causer des micros abrasions dans la peau qui peuvent soutenir la colonisation et la prolifération bactérienne. Certains avancent aussi que la flore microbienne de la barbe préviendrait la colonisation avec des bactéries pathogènes. Allons-nous un jour isoler de nouveaux antibiotiques dans la barbe des travailleurs de la santé? À suivre…

8 surfaces à désinfecter régulièrement pour réduire le risque infectieux lié au Norovirus

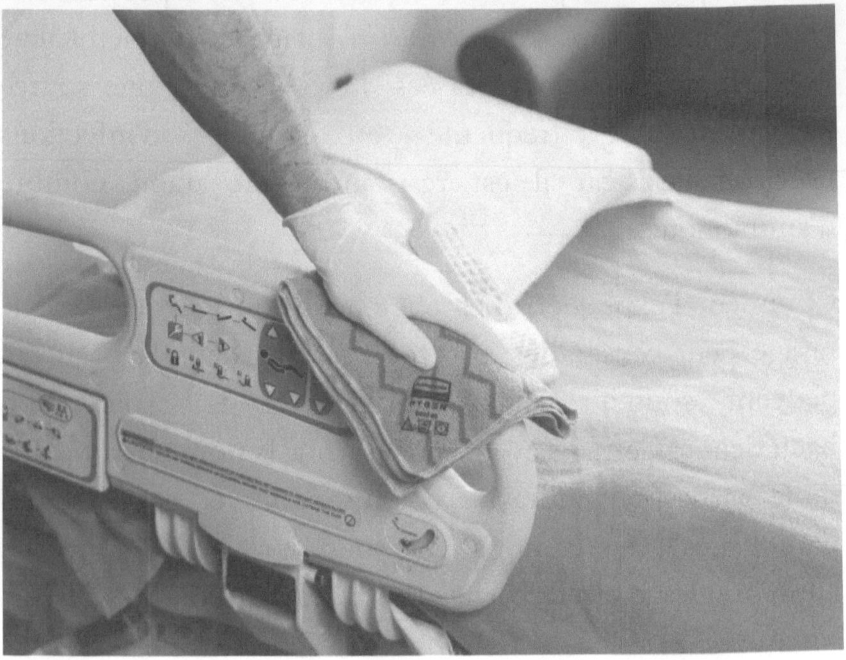

Bien que la saison de la gastro ne semble pas encore lever (touchons du bois), il est important de rappeler l'importance de la désinfection des surfaces.

Chaque année au Québec, on rapporte plusieurs centaines d'éclosions et des milliers de cas de gastro-entérite infectieuse d'allure virale. Ces gastros sont majoritairement liées au Norovirus. Évidemment, le lavage des mains est primordial, mais nous en parlerons une autre fois!

3 principaux modes de transmission

Le Center for Disease Control and Prevention (CDC) identifie 3 principaux modes de transmission pour le Norovirus :

- Manger et boire de la nourriture ou des liquides contaminés;
- Toucher une surface ou un objet contaminé puis porter les doigts à la bouche;
- Avoir un contact direct avec une personne infectée.

Minimiser les risques en désinfectant les surfaces

Pour aider à minimiser la transmission des virus, les gestionnaires et les préposés à l'hygiène et la salubrité devraient insister et porter une attention particulière aux surfaces suivantes :

1. Poignées de porte :
   Les poignées de bureaux, de salles de bains, de réfrigérateurs, d'entrée;

2. Tables :
   Les tables de cafétéria, les tables de travail communes;

3. Ascenseurs :
   Les boutons d'ascenseurs et rampes;

4. Chaises et bancs :
   Les chaises, accoudoirs dans les salles d'attente, à la cafétéria;

5. Interrupteurs :
   À moins d'avoir des interrupteurs sans contact, le bouton de contrôle d'intensité, les interrupteurs de lumière;

6. Équipements de la cuisine des employés :
   Grille-pains, réfrigérateurs, lave-vaisselles, robinets, micro-ondes;

7. Fontaines d'eau :
   Boutons, surfaces en contact, buse;

8. Rampes pour les mains :
   Dans les corridors, les escaliers.

Ainsi que toutes autres surfaces à haut potentiel de contamination susceptibles d'avoir été en contact avec les employés, les bénéficiaires ou les visiteurs.

L'éveil de la bactérie « menace fantôme »

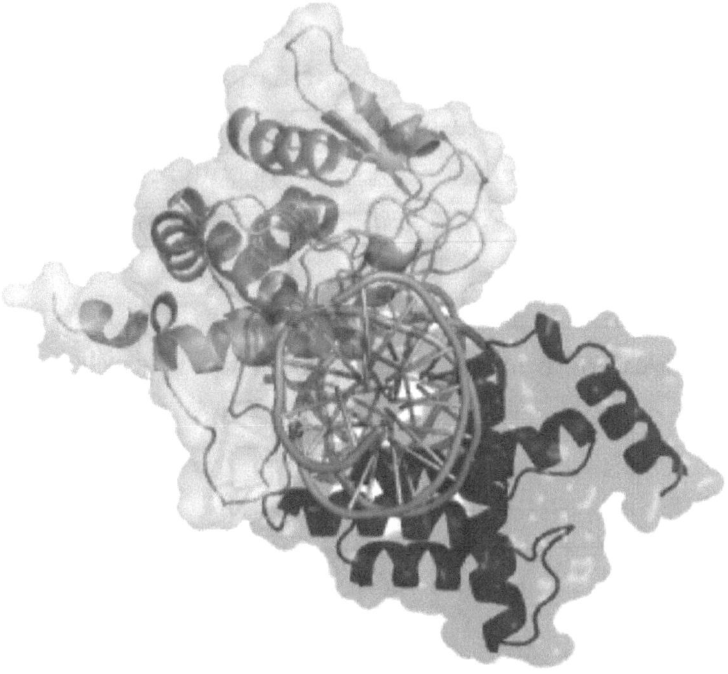

Quiconque me connait sait que je suis un admirateur de Star Wars. Malheureusement, il ne s'agit pas d'un jeu de mots avec les titres de l'épisode I et de l'épisode VII. Il s'agit d'une nouvelle super bactérie résistante aux antibiotiques : ERC (Entérobactéries résistantes à la carbapénème).

Entérobactéries résistantes aux carbapénèmes

Selon l'Institut canadien pour la sécurité des patients :

Les entérobactéries résistantes aux carbapénèmes (ERC) sont des bacilles Gram négatif, tels que le *Klebsiella sp.* et *E. coli* qui se trouvent dans les intestins de toute personne, sauf que les ERC ont cette particularité qu'elles portent des gènes multiantibiorésistants, qui rendent l'infection extrêmement difficile à traiter. On découvre de plus en plus ces gènes; les premiers ont été rapportés à l'extérieur du Canada, mais des éclosions d'ERC ont également été signalées en sol canadien. Bien que peu d'établissements de santé aient été touchés par les ERC jusqu'ici, il est à peu près certain qu'ils le seront tous dans les années qui viennent.

Une menace fantôme

Selon la CDC (traduction libre) :

Ce que nous savons est que l'ERC porte un plasmide, ou un morceau d'ADN mobile, avec une enzyme qui décompose les antibiotiques. Cette bactérie est dangereuse en raison de sa capacité à transférer le plasmide – et sa résistance aux antibiotiques correspondants – à des bactéries normales présentes dans notre corps.

Santé-sécurité : les savons à mains

Le lavage des mains est le premier geste en importance dans le domaine de l'hygiène et de la salubrité. Dans le cadre de leur emploi, certaines personnes doivent se laver fréquemment les mains, qu'il s'agisse de personnes manipulant des aliments, des gens dans le domaine de la santé ou n'importe quel domaine où une personne va interagir physiquement avec des clients.

Aujourd'hui, on trouve une panoplie de produits d'hygiène des mains sur le marché avec toutes sortes d'allégations. Cette panacée d'allégations vient confondre davantage les gens au lieu de les guider dans leur choix. Il est donc normal de se questionner sur la sécurité que représentent ces produits.

La FDA bannit le Triclosan

Aux États-Unis, la FDA (Food and Drug Administration) a banni l'usage du Triclosan et 18 autres produits chimiques dans les savons à mains. Le jugement a été rendu par manque d'évidence de l'utilité de ce produit en plus des sérieux doutes sur les effets de ce produit pour la santé. Il faut dire que le débat faisait rage depuis un bon moment.

Moratoire de Santé Canada sur le méthylisothiazolinone

Selon Santé Canada, l'exposition répétée à ces substances peut provoquer divers symptômes, notamment :

- plaques ou bosses rouges;
- démangeaisons (parfois fortes);
- enflure, sensation de brûlure ou sensibilité au toucher;
- peau sèche, craquelée ou squameuse;
- ampoules (sérosité et croûtes).

Ces symptômes peuvent survenir chaque fois que la personne utilise un produit contenant du méthylisothiazolinone ou ses produits dérivés. Les symptômes peuvent s'intensifier à chaque usage.

Doux pour les mains!

L'hygiène des mains est surement le geste de santé publique le plus important. Que ce soit dans le domaine alimentaire, pharmaceutique, hospitalier, scientifique et j'en passe, il est important de se laver les mains plusieurs fois par jour lors de moments critiques.

Tous les savons à mains ne sont pas égaux!

La plupart des savons à mains commerciaux contiennent des agents de conservation. Ces derniers, comme le méthylisothiazolinone, ont mauvaise presse.

Effectivement, ce produit chimique a été nommé l'allergène de l'année en 2013 par la réputée American Contact Dermatitis Society. Des concentrations aussi faibles que 0,01 % seraient suffisantes pour créer une réaction allergique importante.

D'autres produits, comme le Triclosan, ont été identifiés comme disrupteur endocrinien.

Quel casse-tête!

Heureusement, de plus en plus de savons à mains sont formulés sans : Triclosan, parabène, méthylisothiazolinone, chlorure de benzalkonium, polyacrylamide, dioxane, nonylphénol éthoxylé et diéthanolamine. Bref, il est préférable d'utiliser des savons à mains formulés selon les plus hauts standards de l'industrie pour respecter l'utilisateur et l'environnement.

Qu'est-ce qui rend un nettoyant tout usage efficace?

Un nettoyant tout usage est souvent appelé un nettoyant neutre, un détergent neutre, un produit miracle voire la bouteille orange qui sent l'orange!

En tout cas, il ne manque pas de synonymes pour qualifier un nettoyant qui est censé tout nettoyer. Mais en fait, qu'est-ce qui fait d'un nettoyant un bon nettoyant?

Voici certains critères :

- Déloger la saleté;
- Maintenir l'intégrité des surfaces;
- Éliminer les résidus;

- Laisser une odeur agréable;
- Réduire l'impact sur la santé;
- Réduire l'impact sur l'environnement;
- Rendre l'utilisation facile.

Attardons-nous sur le premier critère : déloger la saleté.

Comment déloger la saleté

La détergence d'un nettoyant va permettre de déloger la saleté notamment par la formation de micelles qui emprisonneront les microparticules de saletés.

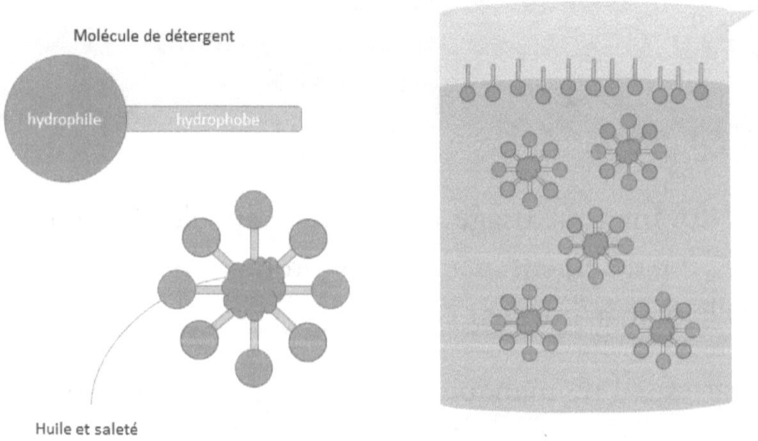

Voilà maintenant que les biofilms vont se mettre de la partie. Qui dit biofilm dit présence de bactéries. Et qui dit bactéries dit bactéries potentiellement nocives pour la santé. Or, les biofilms, s'ils ont eu le temps de se former, sont beaucoup plus difficiles à déloger avec un détergent neutre ordinaire.

Biofilm et le futur de la désinfection

Peut-être avez-vous déjà songé aux principaux facteurs affectant la désinfection et la stérilisation dans les centres de soins. Les CDC (Centres pour le contrôle et la prévention des maladies) aux États-Unis ont établi une liste des sept causes majeures affectant la persistance des microorganismes sur une surface.

- Le nombre de microorganismes;
- La résistance des microorganismes aux désinfectants;
- La concentration et l'efficacité des désinfectants utilisés;
- Le temps de contact;
- Les facteurs chimiques et physiques propres à l'environnement;
- La présence de matière organique et inorganique.

Pour plusieurs spécialistes en contrôle des infections, ces facteurs sont bien connus et bien adressés. Toutefois, savez-vous quelle est la différence entre la matière organique et les biofilms? Les deux affectent significativement l'efficacité de la désinfection. Par contre, les biofilms sont bien plus difficiles à éliminer et à contrôler.

Comment se forment les biofilms?

Les biofilms sont issus d'une communauté de microorganismes entourés d'une couche protectrice de polymère extracellulaire. Cette couche adhère aux surfaces retrouvées dans notre quotidien telles que les surfaces dans les hôpitaux et devient une source importante de contamination. La formation de complexe extracellulaire ou d'un biofilm par les microorganismes est un phénomène naturel qui aide les microorganismes à se protéger des stress environnementaux tels que le nettoyage et la désinfection.

Plusieurs pathogènes nécessitent la présence de matière organique dans l'objectif de démarrer la formation d'un biofilm. Toutefois, certaines bactéries plus entreprenantes n'ont pas besoin de grand-chose pour amorcer la création d'un biofilm. Lorsque les microorganismes se retrouvent dans un biofilm, ils sont beaucoup plus difficiles à éliminer.

Il a été reporté que les bactéries présentes dans un biofilm pouvaient être jusqu'à 1 000 fois plus résistantes que celles n'étant pas dans un biofilm.

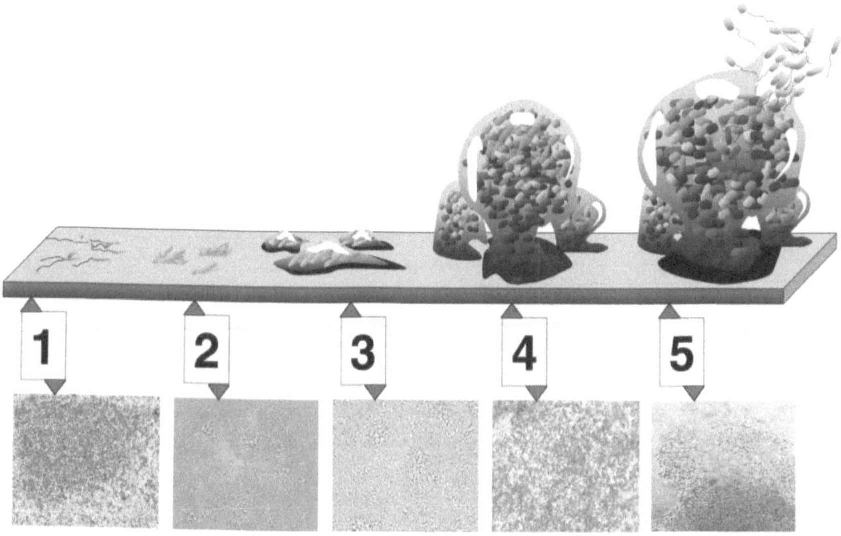

Malgré la structure rigide, les mécanismes de résistance présents dans le biofilm peuvent être contrôlés. Puisque les biofilms sont principalement composés d'une matrice de polymère extracellulaire, la perturbation même de cette matrice doit être la pierre d'assise à la domination du biofilm.

Comment éliminer les biofilms?

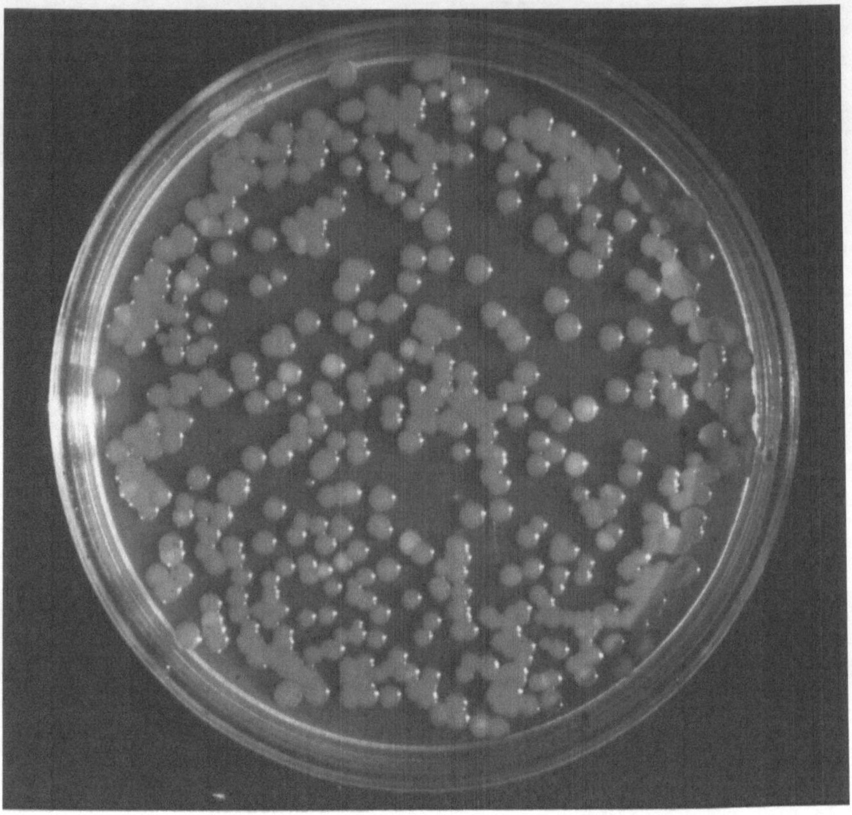

Avez-vous déjà remarqué ce dépôt rosé se faisant dans les douches, les toilettes et les lavabos des salles de bains ou même ailleurs? Saviez-vous qu'il s'agit d'une colonie bactérienne représentant une forte concentration de la bactérie rouge *Serratia marcescens*?

Tout comme les bactéries qui les forment, les biofilms sont partout! Dans les éviers, les drains, les tuyaux, le réservoir de la cuvette, les fontaines intérieures et extérieures et mêmes dans votre bouche. Effectivement, la plaque dentaire est un biofilm que l'on élimine en se brossant les dents.

Anatomie d'un biofilm

Les biofilms retrouvés sur les surfaces sont souvent issus d'une colonie complexe de microorganismes produisant des polymères leur permettant de mieux adhérer à la surface et faciliter la vie en colonie.

Bref, un biofilm c'est comme une ville pour les microbes. L'être humain a appris à apprivoiser ces biofilms et peut s'en servir pour traiter les eaux usées ou produire certaines molécules telles que des plastiques naturels.

Toutefois, la présence des biofilms non désirés pourrait être nuisible et peut mener à des infections. Une étude scientifique a révélé la présence de biofilms sur la majorité des surfaces dans un hôpital que l'on croyait propre!

Comment éliminer un biofilm?

Si le biofilm n'est pas éliminé dès les premières phases, des conséquences désagréables risquent de se produire, notamment :

- Les biofilms peuvent tacher et même dégrader des surfaces telles que des joints de silicone, des tuiles de céramique et différents plastiques et permettre la corrosion des métaux.
- La présence de biofilms facilite la propagation et la création d'un nouveau biofilm.
- Plus le biofilm peut se développer, plus il sera difficile à éliminer.

- Les bactéries présentes dans un biofilm peuvent être jusqu'à 1 000 X plus résistantes aux produits désinfectants.

La bonne stratégie est donc de s'attaquer rapidement aux biofilms. Un nettoyage régulier avec un bon produit va donc empêcher la contamination avec un biofilm.

Un produit nettoyant spécialisé et une action mécanique abrasive, par exemple en utilisant une brosse ou un tampon en nylon facilite l'élimination du biofilm. Un désinfectant peut être utilisé pour éliminer toutes les bactéries résiduelles sur la surface.

Perturbateur de biofilms

Qu'est-ce qu'un biofilm?

Un biofilm est une pellicule de polymère plutôt mince produite par des bactéries. Pour les microorganismes, c'est très gagnant, car ça leur permet de mieux coller aux surfaces en plus de leur offrir un toit, une couverture, bref une protection contre les attaques de mauvais nettoyants! C'est évidemment le point de vue de la bactérie.

Perturber le biofilm

Dans un centre de santé, une école ou un lieu public, les biofilms peuvent être nuisibles, car ils sont une source potentielle de contamination et compliquent le nettoyage. C'est pourquoi un perturbateur de biofilms est utilisé pour affaiblir cette matrice de polymère et permettre un nettoyage adéquat. L'absence de biofilm va augmenter l'efficacité de la désinfection des surfaces.

Perturbateur de biofilms

Certains produits hautement spécialisés permettent la perturbation des biofilms. Pour un résultat salubre et durable, rincez la surface et puis désinfectez-la à l'aide d'un désinfectant chloré. Ceci permettra d'avoir une surface désinfectée et exempte de biofilms ce qui en préviendra la réapparition précoce.

Conclusion

C'est ainsi que se concluent nos réflexions sur l'hygiène et la salubrité dans ce septième et plus récent volume. Nous espérons que la lecture vous a plu.

Maintenant, quels sont vos défis, vos obstacles, vos observations ou vos réalisations dignes de mention en lien avec l'hygiène et la salubrité?

Chaque semaine, nous publions au moins un article sur notre blogue en lien avec l'hygiène et la salubrité. Vous pouvez suivre notre aventure et vous joindre à notre conversation sur blog.lalema.com.

Avec plus de 100 000 visites en 5 ans et plus de 600 articles, il s'agit sans doute du site le plus complet en hygiène et salubrité au Québec. On vous y attend!

À bientôt.

Gaétan et Rémi

Références

1. http://blog.lalema.com/principes-de-base-en-gestion-de-lhygiene-et-de-la-salubrite/
2. http://blog.lalema.com/apres-le-plan-nord-voici-le-plan-vert/
3. http://blog.lalema.com/les-6-avantages-de-limplication-du-personnel/
4. http://blog.lalema.com/surfaces-vetustes-salubres-desinfectees/
5. http://blog.lalema.com/attitudes-gagnantes-prepose-salubrite/
6. http://blog.lalema.com/apparition-des-poubelles-en-1883/
7. http://blog.lalema.com/avantages-dutiliser-un-lave-pieces/
8. http://blog.lalema.com/barbes-et-infections-nosocomiales/
9. http://blog.lalema.com/8-surfaces-a-desinfecter-regulierement-pour-reduire-le-risque-infectieux/
10. http://blog.lalema.com/leveil-de-la-bacterie-menace-fantome/
11. http://blog.lalema.com/sante-securite-savons-a-mains/
12. http://blog.lalema.com/doux-pour-les-mains/
13. http://blog.lalema.com/biofilm-et-le-futur-de-la-desinfection/
14. http://blog.lalema.com/que-sont-les-biofilms-et-comment-les-eliminer/
15. http://blog.lalema.com/perturbateur-de-biofilms/
16. http://blog.lalema.com/nettoyant-tout-usage-efficace/

Made in United States
Troutdale, OR
11/03/2026

56844356R00038